Bibliografische Information der Deutschen Nationalbibliothek:

Die Deutsche Bibliothek verzeichnet diese Publikation in der Deutschen National-
bibliografie; detaillierte bibliografische Daten sind im Internet über http://dnb.d-
nb.de/ abrufbar.

Impressum:

Copyright © 2015 GRIN Verlag, Open Publishing GmbH
Druck und Bindung: Books on Demand GmbH, Norderstedt Germany
ISBN: 978-3-668-17651-5

Dieses Buch bei GRIN:

http://www.grin.com/de/e-book/318061/veraenderte-zahlenmauern-was-passiert-
mit-dem-zielstein-mathematik

Christa Lenz

Veränderte Zahlenmauern: Was passiert mit dem Zielstein? (Mathematik, 1./2. Klasse)

GRIN Verlag

GRIN - Your knowledge has value

Der GRIN Verlag publiziert seit 1998 wissenschaftliche Arbeiten von Studenten, Hochschullehrern und anderen Akademikern als eBook und gedrucktes Buch. Die Verlagswebsite www.grin.com ist die ideale Plattform zur Veröffentlichung von Hausarbeiten, Abschlussarbeiten, wissenschaftlichen Aufsätzen, Dissertationen und Fachbüchern.

Besuchen Sie uns im Internet:

http://www.grin.com/

http://www.facebook.com/grincom

http://www.twitter.com/grin_com

Zentrum für schulpraktische Lehrerausbildung Kleve

Seminar Grundschule

Schriftliche Unterrichtsplanung zum 3. Unterrichtsbesuch

im Fach Mathematik

Thema der Unterrichtsreihe

„Wir erforschen Zahlenmauern"

Eine operativ- und problemstrukturierte Übungsform zur Festigung und Vertiefung der Addition und Subtraktion sowie des Ergänzens im Zahlenraum bis 20/ 100 / 1000.

Thema der Unterrichtsstunde

„Veränderte Zahlenmauern: Was passiert mit dem Zielstein?"

Die SuS[1] erforschen Veränderungen in der Dreierzahlenmauer bezüglich des Zielsteins, wenn der Eckstein sich um eins vergrößert und wenden Forschermittel an.

---

[1] Im Folgenden wird die Abkürzung SuS für Schüler und Schülerinnen verwendet.

❖ **Einbettung der Stunde in die Unterrichtsreihe**

Zentrale Absichten der Unterrichtsreihe

Die SuS trainieren sich im Zahlenrechnen und schnellen Kopfrechnen im Zahlenraum bis 20/ 100/ 1000 anhand des Übungsformates „Zahlenmauern". Dabei festigen sie ihre Fähigkeiten in den Grundrechenarten Addition und Subtraktion bzw. Ergänzen und nutzen Zahlbeziehungen und Rechengesetze für vorteilhaftes Rechnen (LP 2008: s. 62). Zudem lernen die SuS ihre Denkprozesse und Vorgehensweisen angemessen und nachvollziehbar darzustellen sowie sich mit anderen darüber auszutauschen und mathematische Zusammenhänge in Form von Auffälligkeiten zu erkennen, zu beschreiben und in Ansätzen zu begründen.

Stunde	Thema	Zentrale Absicht
1.	Wir lernen Zahlenmauern kennen - Die SuS entdecken den Aufbau von Zahlenmauern, erarbeiten einen Wortspeicher und bauen ihre erste eigene Zahlenmauer. 08.01.2015	Die SuS lernen den Aufbau und die additive Struktur von Zahlenmauern kennen und bauen in ihrem individuellen Übungsheft erste Zahlenmauern mit vorgegebenen Grundsteinen.
2.	Wir erfinden eigene Zahlenmauern - Die SuS erfinden eigene Zahlenmauern mit selbstgewählten Zahlen und beschreiben dabei in Partnerarbeit ihren Rechenweg anhand einer bestimmten Mauer. 12.01.2015	Die SuS variieren und erfinden Zahlenmauern, lösen Additionsaufgaben unter Ausnutzung von Rechengesetzen und Zerlegungsstrategien und beschreiben dabei ihre Vorgehensweise.
3.	Wir reparieren zerstörte Zahlenmauern - Die SuS ergänzen fehlende Zahlen in der Mauer, beschreiben ihren eigenen Rechenweg und lernen Forschermittel kennen. 13.01.2015	Die SuS vertiefen die Zahlenmauerstruktur, durch erste Berechnungen lückenhafter Zahlenmauern und festigen dabei Addition sowie Subtraktion bzw. Ergänzen im Zahlenraum bis 20/ 100 / 1000 und entwickeln Problemlösestrategien.
4.	Wir gehen auf Fehlersuche - Die SuS überprüfen Zahlenmauern auf Fehler und wenden Forschermittel an.	Förderung der Fähigkeit des Erkennens von Fehlerquellen innerhalb Zahlenmauern und die Anwendung von Forschermitteln.

		14.01.2015	
5.	Veränderte Zahlenmauer: Was passiert mit dem Zielstein? - Die SuS erforschen Veränderungen in der Dreierzahlenmauer bezüglich des Zielsteins wenn der Eckstein sich um eins vergrößert und wenden Forschermittel an.		Die SuS sollen eigene Vermutungen über mathematische Zusammenhänge herstellen und diese überprüfen, indem sie beobachten und beschreiben wie sich der Zielstein verändert, wenn der Eckstein der ersten Reihe um eins größer wird.
		15.01.2015	
	Was passiert, wenn sich der Mittelstein um 1 vergrößert? - Wir übertragen unsere Forschungsergebnisse auf andere Veränderungen in Zahlenmauern und begründen unsere Beobachtungen.		Die SuS sollen darin gefördert werden Forschungsergebnisse auf weiterführende Fragestellungen zu übertragen und diese zu überprüfen sowie zu begründen.
	Wir bauen Zahlenmauern mit demselben Deckstein - Die SuS errechnen unterschiedliche Zahlenmauern mit dem gleichen Deckstein.		Die SuS sollen darin gefördert werden eigene Rechenwege für andere zu beschreiben sowie diese nachvollziehbar darzustellen und Problemlösestrategien zu entwickeln.

❖ **Zentrale Absicht der Stunde und Lernchancen**

<u>Meine Absicht:</u>

Ich gebe den SuS die Chance, eigene Vermutungen über mathematische Zusammenhänge herzustellen und diese zu überprüfen, indem sie beobachten und beschreiben wie sich der Zielstein verändert, wenn der Eckstein der ersten Reihe um eins größer wird.

Im Sinne meiner formulierten Absicht eröffne ich folgende Lernchancen:

<u>Auf der Ebene der Sacherfahrungen</u>
Die SuS haben die Chance,

- eigene Vermutungen über mathematische Auffälligkeiten und Zusammenhänge herzustellen.
- mathematische Auffälligkeiten (sukzessive Veränderung des Zielsteins um eins in einer Zahlenmauerfolge) mit Hilfe von Forschermitteln zu beobachten und zu beschreiben und in Ansätzen zu begründen.
- ihre Vermutungen anhand eines Beispiels zu hinterfragen, ob ihre Aussagen zutreffend sind (erkennen dass die Muster auch in anderen Zahlenmauerfolgen auftreten).
- Additionsaufgaben im Zahlenraum bis 20/ 100/ 1000 unter Ausnutzung von Rechengesetzen und Zerlegungsstrategien zu lösen.

<u>Auf der Ebene der Individualerfahrungen</u>
Jede/r SchülerIn hat die Chance,

- Fähigkeiten zum mathematischen Forschen zu entwickeln.
- einen reflektierten Umgang der Unterrichtsstunde durch Selbsteinschätzung (Feedback – Zielscheibe) zu erlangen.
- nach seinem/ ihrem individuellem Lernniveau zu rechnen und zu entdecken.
- sich mit Hilfe des „Wortspeichers" in mathematischer Fachsprache auszudrücken.

<u>Auf der Ebene der Sozialerfahrungen</u>
Die SuS haben die Chance,

- sich im Darstellen/ Kommunizieren zu schulen, indem sie in Partnerarbeit ihre Beobachtungen präsentieren und verständlich mitteilen.
- aus Ideen und Erfahrungen anderer Kinder zu lernen.
- eigene Erfahrungen und Ideen in der Klassengemeinschaft zu kommunizieren.

❖ **Sachinformationen zur Stunde**

Das Übungsformat ‚Zahlenmauer' ist in der Literatur auch unter den Bezeichnungen: Rechenpyramide, Zahlenturm, Ziegelmauer oder Turmrechnen bekannt (Padberg). Da in dem an unserer Schule verwendeten Mathematiklehrgang „Super M" der Begriff Zahlenmauer benutzt wird, werde ich diesen ebenfalls verwenden.

1

„Die Zahlenmauer ist eine operative Übungsform, die auch noch im Zahlenraum bis 20 und darüber hinaus gut einsetzbar ist" (Schipper et al. 1996: 87). „Zahlenmauern entstehen, indem auf zwei benachbarte Steine ein dritter Stein mit der Summe der beiden unteren Steine aufgesetzt wird. Eine Zahlenmauer mit drei [Grundsteinen] führt demnach zu 3, eine Zahlenmauer mit vier [Grundsteinen] zu 6 Additionsaufgaben " (Quak at al. 2006: 182). Das Ausfüllen einer Zahlenmauer erfordert je nach vorgegebenen oder gesuchten Zahlen entweder Additionsaufgaben (beim Rechnen von unten nach oben) oder Subtraktions- beziehungsweise Ergänzungsaufgaben (beim Rechnen von oben nach unten). In der vorliegenden Stunde errechnen die SuS die Zahlenmauer additiv von unten nach oben, da in der Aufgabenstellung die Grundsteine schon vorgegeben sind. Subtraktionsaufgaben verwenden sie nur falls sie ihre Ergebnisse überprüfen. Den obersten Stein der Zahlenmauer nennen wir Zielstein und die untersten Steine Grundsteine. Die Steine an den Ecken nennen wir Ecksteine und den mittleren Stein Mittelstein.

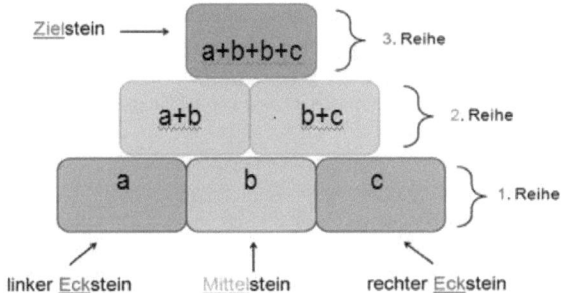

Abb. 1: Prinzip der 3er-Zahlenmauer

In der vorliegenden Stunde geht es darum, dass die SuS erforschen wie sich der Zielstein einer Dreierzahlenmauer verändert, wenn der linke Eckstein der ersten Reihe um eins größer wird. Wie in der Abbildung zu sehen ist, wird der linke Eckstein der zweiten Reihe um eins größer und somit auch der Zielstein. Der Zielstein wird immer um die Zahl (x) vergrößert, um die der linke Eckstein der ersten Reihe auch vergrößert wird, weil die Position a und c jeweils einfach in den Zielstein eingehen. Somit gilt dies auch für den rechten Eckstein der ersten Reihe.

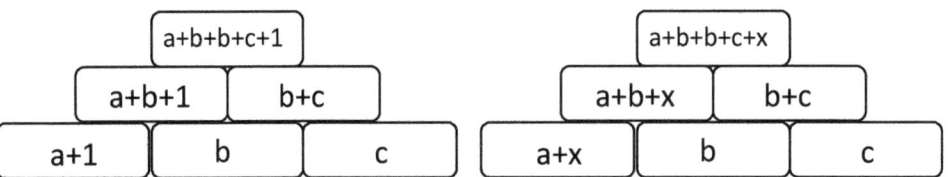

Abb.2: In der 3er-Zahlenmauer wird der linke Eckstein um eins vergrößert.

❖ Fachdidaktische Analyse

Quak et al. nennen Zahlenmauern als ein Beispiel für produktive und operative Übungsformate. Diese „sollen beziehungsreiches Üben fördern" und „Kinder zur Herstellung von „Produkten" und damit verbunden auch zum Erfinden eigener Aufgaben anregen" (2006: 181). Dadurch ergibt sich ein „sinnhaftes Üben mit Spaß, Motivation und vielfältigen Entdeckungen" (ebd.: 182). Zudem können sie an das Schwierigkeitsniveau der Kinder angepasst werden und somit über die gesamte Grundschulzeit und darüber hinaus verwendet werden (vgl. ebd.: 182). Außerdem „fordern und fördern [diese] ein bewegliches Umgehen mit Zahlen und Rechenoperationen" (Schipper et al.: 84). Somit bieten Zahlenmauern, nach den zentralen Leitideen des Mathematikunterrichts, ein geeignetes Übungsformat mit ergiebigen Aufgaben für eine leistungsheterogene Schuleingangs-phase.

In der Stunde „Wir erforschen Veränderungen in der Dreierzahlenmauer" entspricht das Errechnen der spezifischen Zahlenmauer dem Bereich ‚Zahlen und Operationen' als eine der vier <u>inhaltlichen Kompetenzen</u> im Lehrplan und kann den Schwerpunkten ‚Zahlenrechnen' und ‚schnelles Kopfrechnen' zugeordnet werden. „Die SuS lösen Additions- und Subtraktionsaufgaben im Zahlenraum bis [20,] 100 [, 1000] unter Ausnutzung von Rechengesetzen und Zerlegungsstrategien mündlich oder halbschriftlich" (MSW 2008: S.13).

In der Stunde sollen folgende <u>prozessbezogene Kompetenzen</u> vertieft und weiterentwickelt werden.
Argumentieren: Hierbei liegt der Schwerpunkt auf dem Bereich „Vermuten und Überprüfen" und in Ansätzen „Begründen". „Die SuS stellen Vermutungen über mathematische Zusammenhänge oder Auffälligkeiten an" und „testen Vermutungen anhand von Beispielen und hinterfragen, ob ihre Vermutungen, Lösungen, Aussagen etc. zutreffend sind" (MSW 2008: S.8).
Darstellen/ Kommunizieren: Die SuS stellen ihre beobachteten Auffälligkeiten (mit Hilfe des Wortspeichers) für den Partner bzw. im gemeinsamen Kinositz für alle nachvollziehbar dar. Hier wird die LAA die SuS zur Verbalisierung ihrer Erkenntnisse ermuntern.

Das fachdidaktische Prinzip des **aktiv-entdeckenden Lernens** wird ermöglicht in der Arbeitsphase, die eine eigenaktive Auseinandersetzung mit der Überprüfung unserer Vermutungen fordert.
Um eine **natürliche Differenzierung** zu ermöglichen und der Heterogenität in der Klasse gerecht zu werden, sind die Arbeitsblätter individuell auf den Lernstand der SuS angepasst. So rechnet jedes Kind in seinem Tempo, auf seinem Niveau (Zahlenraum 10, 20, 100, 1000 mit und ohne Zehnerübergang) unter Benutzung selbst ausgewählter Hilfsmittel. Zudem findet eine Differenzierung in der Partnerarbeit statt, in der die SuS sich die Zahlen für ihre Zahlenmauerfolge selbst ausdenken sollen oder mit vorgegebenen Grundsteinen arbeiten.
Das Prinzip der **Strukturorientierung** unterstreicht, „dass mathematische Aktivität häufig im Finden, Beschreiben und Begründen von Mustern besteht" (MSW 2008, S.18). Dieses Prinzip äußert sich in der Stunde darin, dass die Kinder mathematische Auffälligkeiten (sukzessive Veränderung des Ecksteins bzw. Zielsteins um eins in einer Zahlenmauerfolge) mit Hilfe von Forschermitteln beobachten und beschreiben sowie in Ansätzen begründen.
Da das Übungsformat der Zahlenmauer in jedem Schuljahr der Grundschule und sogar auf weiterführenden Schulen angewandt werden kann, wird auch das **Spiralprinzip** umgesetzt. So lernen die Erstklässler die Zahlenmauer zum ersten Mal kennen und die Zweitklässler bearbeiten diese

unter gleicher Fragestellung auf einem höherem Niveau (größerer Zahlenraum, größere Mauerstruktur).

❖ **Analyse der Lernaufgabe**

Im Folgenden soll die Lernaufgabe anhand der Anforderungsbereiche analysiert werden (vgl. Blum 2006).

A1 (Reproduzieren): In der Arbeitsphase üben sich die SuS anhand der operativ strukturierten Übung in der Addition, indem sie auf dem Arbeitsblatt systematisch variierte Zahlenmauerfolgen ausrechnen (vgl. Wittmann 1992: 180). Dies entspricht dem Anforderungsbereich I in den Bildungsstandards, da das Ausführen eine routinierte Tätigkeit (Plus rechnen) erfordert. Hier sind die Grundsteine in der Zahlenmauerfolge vorgegeben, um den Schwerpunkt im Beobachten und Anwenden von Forschermitteln zu setzen. Jedes Arbeitsblatt enthält drei Zahlenmauern, die nebeneinander angeordnet sind. An drei Zahlenmauern können die SuS die Verhältnismäßigkeit für den Zielstein gut erkennen und die einzelnen Mauern und ihren Verlauf besser vergleichen. Zudem sind nicht zu viele Zahlenmauern auf dem Blatt vorhanden, sodass die SuS diese sowohl im Austausch mit ihrem Partner als auch im Plenum gut darstellen können. In der Stunde werden Dreierzahlenmauern untersucht, da die SuS mit diesen aus den vorangegangenen Stunden vertraut sind und Viererzahlenmauern wären für viele der Erstklässler noch zu komplex.

A2 (Zusammenhänge herstellen): Der Anforderungsbereich II wird umgesetzt, indem die SuS den gesetzmäßigen Zusammenhang der Ergebnisse in den Zahlenmauerfolgen erkennen, beschreiben und in Ansätzen begründen. Dazu werden erste Forschermittel im Tafelbild angewandt (einkreisen/ farbig markieren/ Pfeile), sodass die SuS angeregt werden in der Transformation ebenfalls Forschermittel zu nutzen, um die sukzessive Vergrößerung des linken Ecksteins oder Zielsteins kenntlich zu machen. Auf dem Arbeitsblatt wurde auf Markierungen dieser bewusst verzichtet, damit die SuS eigenaktiv Forschermittel einsetzen können.

A3 (komplexe Tätigkeiten): In der Partnerarbeit besteht für die SuS die Möglichkeit ihre gewonnenen Feststellungen zu verallgemeinern. Hier können sie die Erkenntnis gewinnen, dass die Erhöhung des Zielsteins um 1 unabhängig von den gewählten Zahlen in den Grundsteinen erfolgt. Zusätzlich können sie erste Vermutungen zur Begründung anstellen. In der Forscheraufgabe werden schnelle SuS dazu angeregt zu überlegen, was passiert mit dem Zielstein, wenn sich der Mittelstein jeweils um 1 vergrößert und wenden somit ihre Erkenntnisse auf eine ähnliche Aufgabenstellung an.

In der gemeinsamen Reflexion im Kinositz erläutern die SuS beobachtbare Auffälligkeiten anhand ihrer ‚Präsentationsmauer' aus der Partnerarbeit. Hier wird die LAA zur Verbalisierung ihrer Erkenntnisse Hilfestellung geben. Zudem wird gemeinsam überlegt, was mit dem Zielstein passiert, wenn sich der rechte Eckstein um 1 vergrößert (Anforderungsbereich III). An dieser Stelle wird die prozessbezogene Kompetenz ‚Argumentieren' angebahnt. Die konkrete Beantwortung der Frage, warum sich der Zielstein, wie beobachtet und beschrieben verändert, wird in der darauffolgenden Stunde thematisiert (Plättchenbeweis). Sowie die Klärung der Forscheraufgabe (Was passiert mit dem Zielstein, wenn sich der Mittelstein um 1 vergrößert), findet in der nächsten Stunde statt und wird dann von allen SuS bearbeitet.

❖ **Besondere Informationen zur Lerngruppe**

Das Leistungsniveau der xxx ist heterogen. In der Lerngruppe befinden sich vier SuS, deren Lern- und Leistungsschwierigkeiten im Folgenden genauer beschrieben werden sollen.

Bei **xxx** wurde ein Förderbedarf im Bereich soziale und emotionale Entwicklung festgestellt. Bei **xxx** ist ein AOSF-Verfahren im Bereich soziale und emotionale Entwicklung eingeleitet worden. Ihnen fällt es sehr schwer, sich auf Lernaufgaben im Allgemeinen einzulassen. Beiden Kindern kommt hier die Partnerarbeit entgegen, da sie von ihren Mitschülern/-innen unterstützt und motiviert werden. Schaffen sie es, sich auf die Lernaufgabe einzulassen, so traue ich beiden eine aktive Teilnahme an der Partnerarbeit und auch das Kommunizieren ihrer Entdeckungen im Sitzkreis zu. Schaffen sie es nicht, bekommen sie in diesem Fall eine kurze Auszeit am eigentlichen Sitzplatz oder werden auf eine andere Gruppe aufgeteilt.

xxx hat einen ausgewiesenen Förderschwerpunkt im Bereich Lernen und **xxx** im sprachlichen Bereich. Sie haben beide Schwierigkeiten dem Regelunterricht im Fach Mathematik zu folgen und Lernaufgaben umzusetzen. Sie befinden sich beide im dritten Schulbesuchsjahr und rechnen mit Hilfsmitteln im Zahlenraum bis 20. Sie arbeiten in der Stunde auf dem gleichen Niveau, wie die Erstklässler. Zur Unterstützung der Versprachlichung von Sachverhalten, dient der Wortspeicher, sowie die Stundenfrage an der Tafel.

xxx ist zu Beginn des Schuljahres unmittelbar aus Polen in die Klasse gekommen und verfügt noch über wenig Deutschkenntnisse. Er hält sich jedoch an die Regeln und Rituale der Klasse, versucht zudem durch Nachahmen der anderen Kinder die Lernaufgabe umzusetzen und wird daher noch nicht zielgleich unterrichtet.

❖ **Erhebung der Lernvoraussetzungen für die konkrete Stunde**

LERNANFORDERUNG	AKTUELLER LERNSTAND	HANDLUNGSKONSEQUENZEN
	in Bezug auf die Sache	
Die SuS sollen Additionsaufgaben im Zahlenraum bis 10/ 20/ 100/ 1000 nach den Gesetzmäßigkeiten einer 3er-Zahlenmauer lösen.	Die SuS errechnen die Additionsaufgaben in der Zahlenmauer im individuellen Zahlenraum recht sicher. Bei den Zweitklässlern brauchen xxx für die Aufgaben deutlich länger und nutzen oftmals den Rechenschieber als Hilfsmittel. Die Erstklässler xxx verwenden Plättchen im 20er-Feld.	Die SuS arbeiten mit individuellen Arbeitsblättern und können jederzeit auf Hilfsmittel und meine Unterstützung zurückgreifen.
Die SuS sollen mathematische Auffälligkeiten beobachten und beschreiben.	xxx könnten Schwierigkeiten haben mathematische Zusammenhänge zu erkennen und zu beschreiben. Vor allem für die Erstklässler stellt das Beschreiben mathematischer Auffälligkeiten oder Vorgehensweisen eine große Herausforderung dar, sowohl mündlich als auch schriftlich, durch den erst anfänglichen Schrift-Spracherwerb.	Die Lerngruppe übt sich noch in ihrem Ausdrücken ihrer mathematischen Erkenntnisse. Die SuS sollen versuchen diese schriftlich zu erläutern. Schaffen sie dies nicht, bekommen sie die Chance sich mündlich mit ihrem Partner darüber auszutauschen. Ich werde diesen Kindern besondere Unterstützung zukommen lassen und sie mit Satzanfängen zum Beschreiben ihrer Beobachtungen motivieren.
Die SuS haben die Möglichkeit an Forscheraufgaben zu arbeiten.	Insbesondere xxx sind leistungsstark im Fach Mathematik und können schneller mit der Aufgabe fertig werden.	Damit die betroffenen Kinder sich vertiefend mit dem Lerninhalt auseinandersetzen können, erhalten diese ein Zusatzblatt.

	in Bezug auf Methoden und Medien	
	in Bezug auf Basiskompetenzen	
soziale Kompetenz	Die SuS sollen in Partnerarbeit ihre Vermutungen überprüfen und sich über ihre Beobachtungen austauschen.	Die Partnerarbeit ist für viele SuS noch eine Herausforderung und für die Erstklässler noch keine vertiefte Sozialform. Es herrscht noch viel Unruhe bei der Platzfindung, zudem üben sich die Kinder noch die Lernaufgabe im gemeinsamen Austausch zu bearbeiten und sich gegenseitig zu unterstützen. Nicht immer können sich alle Kinder auf eine Partnerarbeit einlassen. Vor allem xxx möchten oftmals nicht mit dem vorgegebenen Partner zusammenarbeiten.	Feste Partner für die Zeit der Unterrichtsreihe sollen den Kindern Orientierung geben. Ich achte besonders auf diese Kinder und schreite bei Bedarf unterstützend ein.
personale Kompetenz	Arbeits- und Leistungsverhalten	xxx beteiligen sich kaum an Unterrichtsgesprächen und sind oftmals abgelenkt. xxx haben einen großen Bewegungsdrang und können nicht über einen längeren Zeitraum konzentriert arbeiten.	Im Kinositz habe ich die Kinder gut im Blick und kann schnell reagieren und versuchen die SuS wieder in das Gespräch einzubinden, wenn sie abgelenkt sind. Nach dem Ich-Du-Wir Prinzip finden in der Stunde unterschiedliche Phasen statt, in der die SuS Bewegung und Lernmotivation gewinnen.

7

❖ Darstellung des Unterrichtsverlaufes

Methodische Entscheidungen	Begründung
Vorstellung des **Stundenverlaufs**	Die SuS haben die Möglichkeit sich des Verlaufs der Unterrichtsstunde bewusst zu werden.
Impuls: Tafelbild mit drei Zahlenmauern, wobei sich jeweils der linke Eckstein um 1 erhöht • Impulsfrage: „Was fällt dir auf? Was verändert sich hier?" • Wortspeicher • Meldekette Kinositz	Die SuS wiederholen den Aufbau einer Dreierzahlenmauer mit Hilfe des Wortspeichers (Anknüpfung an die letzte Stunde) und beschreiben die Veränderung in der Zahlenmauerfolge. Wir haben seit Beginn der Unterrichtsreihe gemeinsam einen Wortspeicher erarbeitet, den die SuS zunehmend nutzen können, um von ihrem Sprachgebrauch zur Verwendung mathematischer Fachsprache zu gelangen. Mit der Meldekette gestalten die SuS den Unterricht zunehmend selbstständiger. Der Kinositz schafft Nähe und hat den Vorteil, Unklarheiten direkt aufgreifen zu können.
Stundenfrage wird an der Tafel visualisiert: „Was passiert mit dem Zielstein, wenn sich der linke Eckstein um 1 vergrößert?" Kinositz	Die SuS haben die Möglichkeit sich der Zielsetzung der Unterrichtsstunde bewusst zu werden. Zur Erklärung und Illustration des Arbeitsauftrags werden gemeinsam mit den SuS erste Vermutungen zum Tafelbild gesammelt und mit Hilfe von Forschermitteln diese herausgearbeitet (z.B. einkreisen/ farbig markieren/ Pfeile), sodass die SuS angeregt werden in der Transformation ebenfalls Forschermittel zu nutzen.
Arbeitsauftrag: Einzelarbeit Forscheraufgabe	Während der Transformation arbeiten die SuS zunächst in Einzelarbeit, um sich erst eigenständig mit der Stundenfrage auseinanderzusetzen und zu eigene Erkenntnissen zu gelangen. Schnelle SuS bekommen die Chance durch eine Forscheraufgabe zum Weiterdenken angeregt zu werden.
Akustisches Signal **Arbeitsauftrag: Partnerarbeit**	Für die SuS, die noch nicht lesen können wird der Arbeitsauftrag teilweise verbildlicht und erläutert. Die Partnerarbeit ist vorgegeben und den SuS schon durch vorangegangene Stunden in der Unterrichtsreihe bekannt. Bei der Partnerwahl wurde darauf geachtet, dass die SuS sich im selben Zahlenraum befinden, um einen nachvollziehbaren Austausch zu ermöglichen. Das zu bearbeitende Arbeitsblatt ist A3, damit es an der Tafel präsentiert werden kann. Somit bekommt jedes Kind die Chance in einen Austausch über seine Ergebnisse zu gelangen und die gewonnenen Kenntnisse dann im Plenum vorzustellen.
Reflexion im Kinositz	Die SuS werden nicht mehr durch die Arbeitsmaterialien auf dem Tisch abgelenkt und können sich bewusst auf die Reflexion konzentrieren. Die SuS entscheiden sich selbstständig, ob sie ihre

	Ergebnisse dem Plenum vorstellen möchten, indem sie ihre ‚Präsentationsmauer' auf die dafür vorgesehene Tafelseite hängen.
Ausblick auf die nächste Unterrichtsstunde	Den SuS soll eine Verlaufstransparenz deutlich werden, um in der nächsten Unterrichtsstunde an dieser anknüpfen zu können.
Feedback Zielscheibe	Am Ende der Stunde sollen die SuS sich selbst einschätzen und über ihre Arbeit reflektieren.

❖ Lernkomponenten

Initiation	Orientierung
Impuls: Tafelbild mit drei Zahlenmauern, wobei sich jeweils der linke Eckstein um 1 erhöht ➔ Was fällt dir auf? ➔ Was verändert sich hier? Einsatz von Forschermitteln Kinositz	• Verlaufstransparenz • Zieltransparenz • Wortspeicher • klare Arbeitsanweisungen • Arbeitsblatt • Anschauungsmaterial • vorgegebene Partnerarbeit an der Tafel • akustisches Signal zum Phasenwechsel

Integration
Die SuS knüpfen an ihr Vorwissen sowie ihr erworbenes Wissen über das Übungsformat Zahlenmauern und ihre Gesetzmäßigkeit an, und übertragen bisher Gelerntes auf Vermutungen über mathematische Zusammenhänge der sukzessiven Vergrößerung des linken Ecksteins.

Transformation	Reflexion/Präsentation
- **Einzelarbeit:** Die SuS sollen die vorgegebenen Zahlenmauern berechnen und können Forschermittel verwenden, um Auffälligkeiten kenntlich zu machen. Zudem schriftlich ihre Beobachtungen festhalten und in Ansätzen versuchen zu Begründen. - **Partnerarbeit:** Die SuS sollen sich über ihre Beobachtungen austauschen und gemeinsam eine ‚Präsentationsmauer' erstellen, in der sich der linke Eckstein jeweils um 1 vergrößert und somit ihre Aussagen zum Zielstein überprüfen.	- Im Kinositz werden einige ‚Präsentationsmauern' unter der Fragestellung „Was passiert mit dem Zielstein?" vorgestellt. - Die Vermutungen von Beginn der Stunde werden überprüft. - Gemeinsam wird eine Regel für das Phänomen „Eckstein erhöht" aufgestellt.

❖ Quellennachweis

Ministerium für Schule und Weiterbildung Nordrhein-Westfalens (2008): Lehrplan Mathematik. In: *Richtlinien und Lehrpläne für die Grundschule in Nordrhein-Westfalen*, Online im Internet: http://www.standardsicherung.schulministerium.nrw.de/lehrplaene/upload/klp_gs/LP_GS_2 008.pdf (Abruf am 09.01.2015).

Pik As - Die Ideen zu der im Entwurf aufgeführten Unterrichtsstunde entstammen dem Zahlenmauern Übungsheft des Projekts PIK AS. Oniline im Internet: http://pikas.dzlm.de/material-pik/themenbezogene-individualisierung/haus-6-unterrichts-material/zahlenmauern-uebungsheft/index.html (Abruf am 20.12.2014)

Quak, U.; Sterkenburgh, S.; Verboom, L. (2006): Die Grundschulfundgrube für Mathematik. Berlin. Cornelsen Verlag

Schipper, W.; Radatz, H.; Ebeling, A.; Dröge, R. (1996): Handbuch für den Mathematikunterricht. 1. Schuljahr. Hannover. Schroedel Verlag.

Walther, G.; van den Heuvel-Panhuizen, M.; Granzer, D. & Köller, O. (2008): Bildungsstandards für die Grundschule: Mathematik Konkret. Berlin. Cornelsen Verlag.

Wittmann, E. Ch. (1992): Üben im Lernprozess. In: Wittmann, E. Ch.; Müller, G. N.. Handbuch produktiver Rechenübungen. Band 2: vom halbschriftlichen zum schriftlichen Rechnen. Stuttgart. Ernst Klett Schulbuchverlage

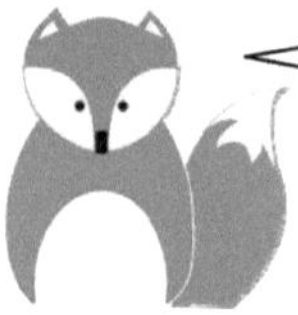

Berechne die 3er-Zahlenmauern
und schau genau hin!

Tipp: Nutze für deine
Beobachtungen Forschermittel.

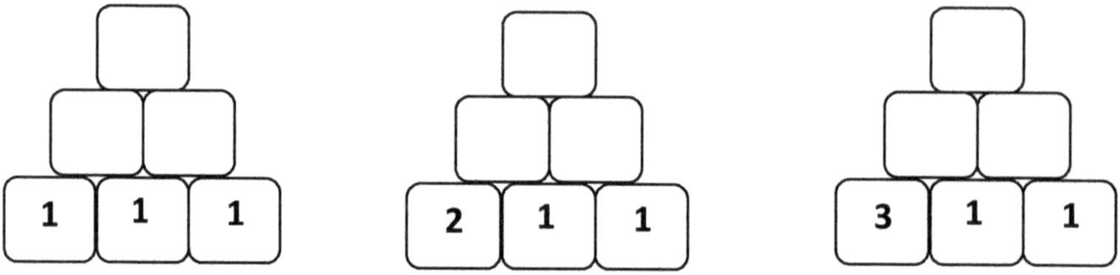

Beschreibe: Was passiert mit dem Zielstein, wenn der linke Eckstein um
         1 größer wird?

   Begründe: Warum ist das so?

Berechne die 3er-Zahlenmauern und schau genau hin!

Tipp: Nutze für deine Beobachtungen Forschermittel.

Beschreibe: Was passiert mit dem Zielstein, wenn der linke Eckstein um 1 größer wird?

 Begründe: Warum ist das so?

ZR 100   AB   Was passiert mit dem Zielstein?

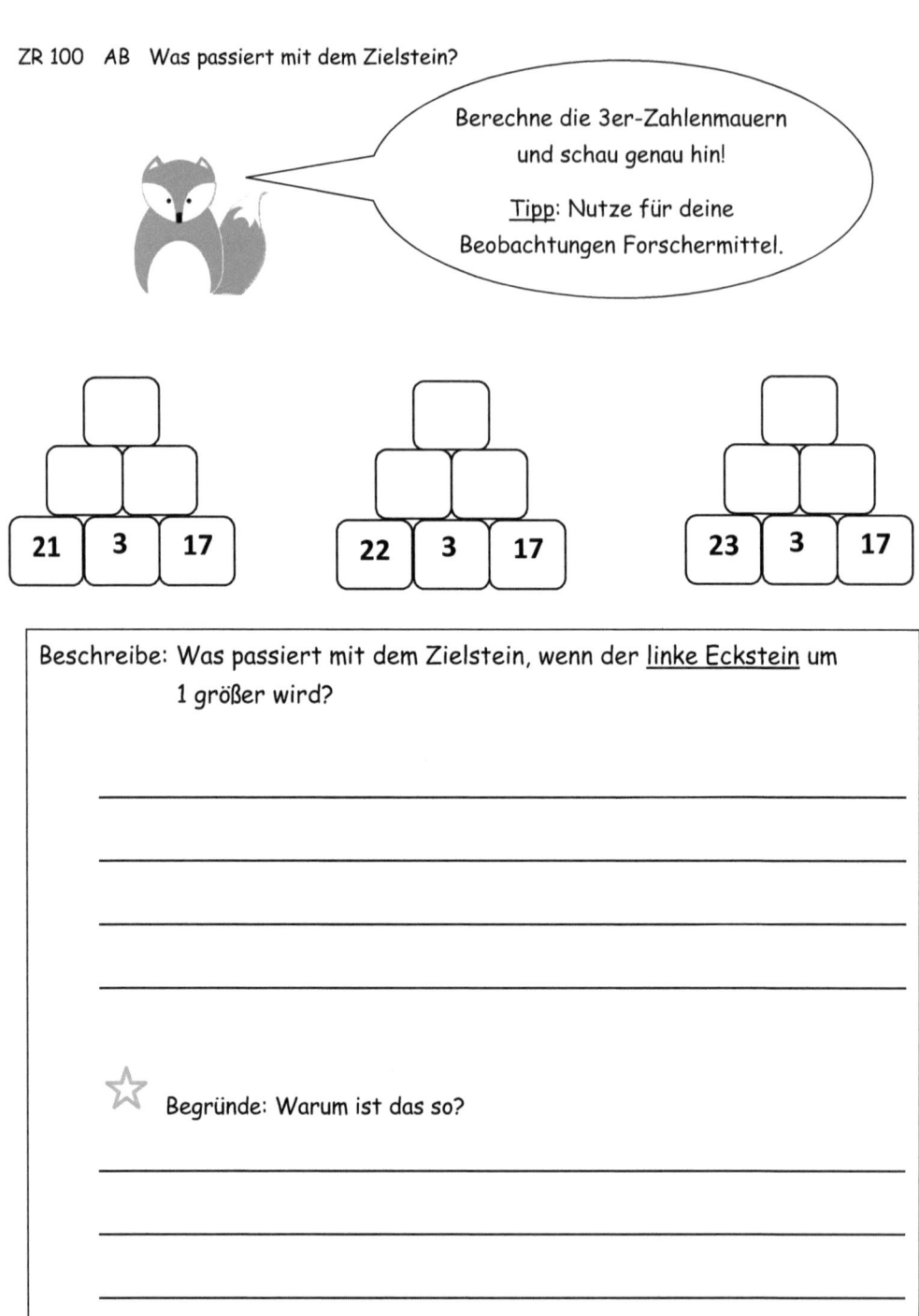

Berechne die 3er-Zahlenmauern
und schau genau hin!

Tipp: Nutze für deine
Beobachtungen Forschermittel.

| 21 | 3 | 17 |

| 22 | 3 | 17 |

| 23 | 3 | 17 |

Beschreibe: Was passiert mit dem Zielstein, wenn der linke Eckstein um
1 größer wird?

_____

_____

_____

_____

☆   Begründe: Warum ist das so?

_____

_____

_____

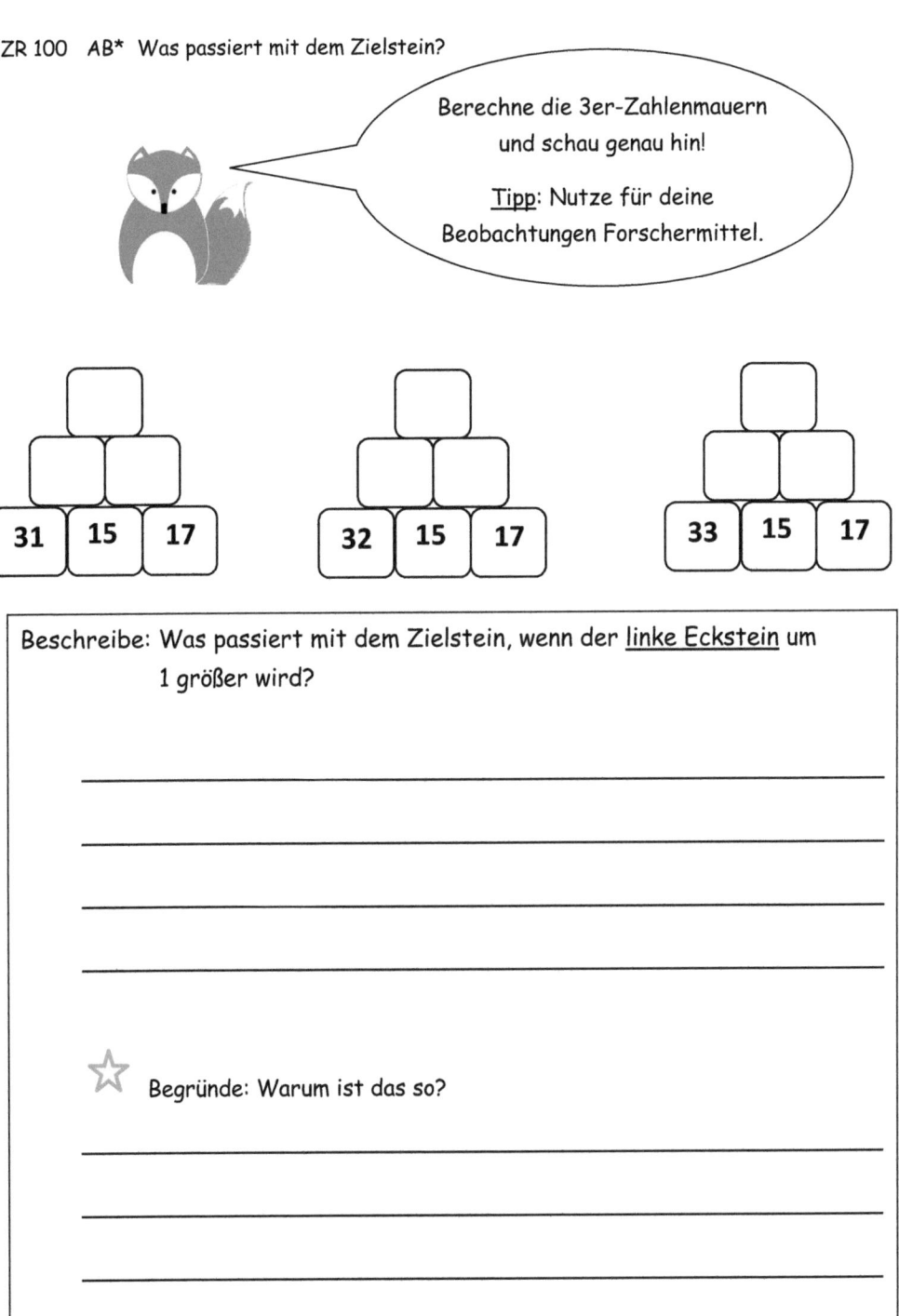

Berechne die 3er-Zahlenmauern und schau genau hin!

Tipp: Nutze für deine Beobachtungen Forschermittel.

| 31 | 15 | 17 |

| 32 | 15 | 17 |

| 33 | 15 | 17 |

Beschreibe: Was passiert mit dem Zielstein, wenn der linke Eckstein um 1 größer wird?

☆ Begründe: Warum ist das so?

ZR 1000 AB Was passiert mit dem Zielstein?

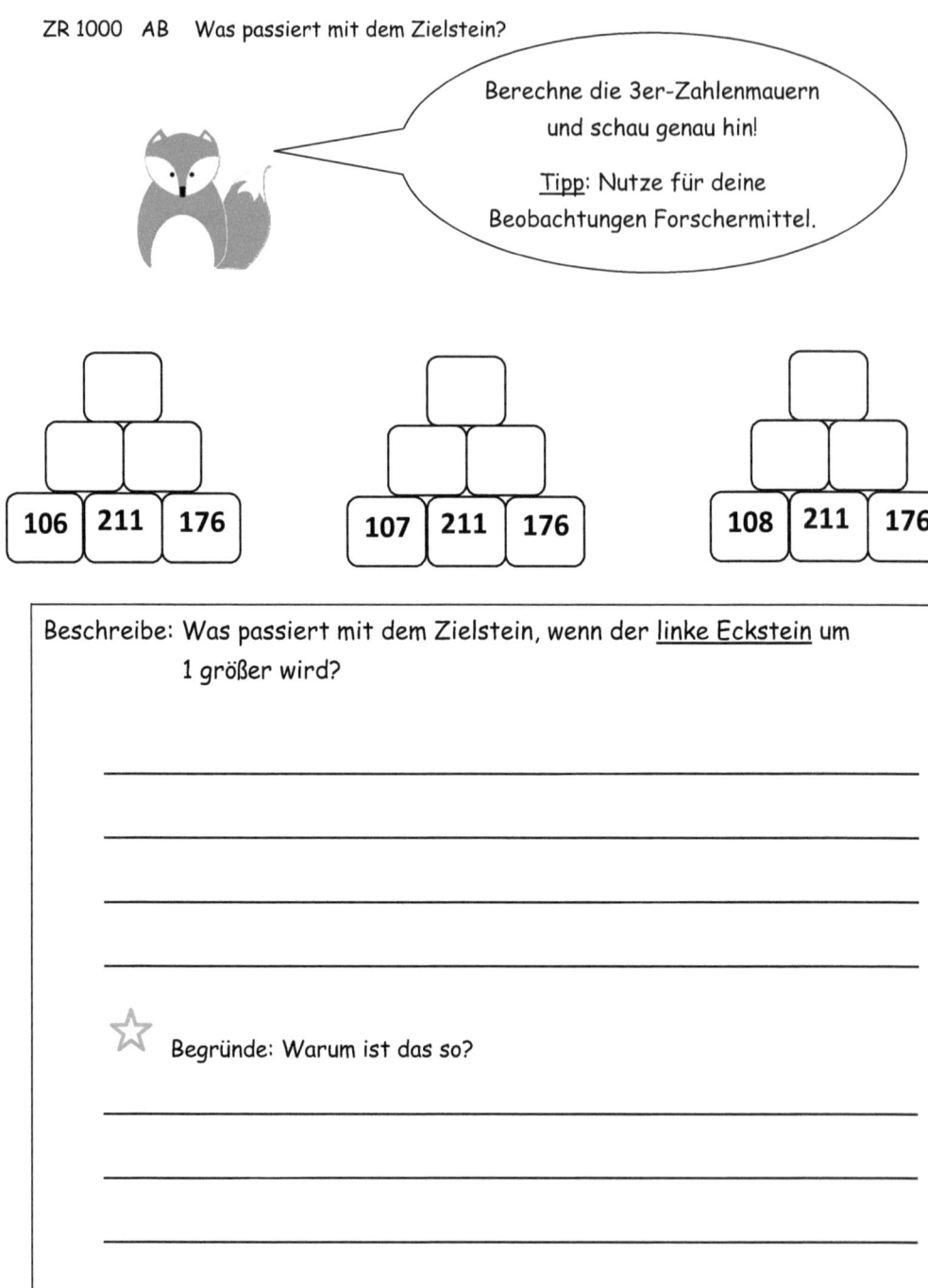

Berechne die 3er-Zahlenmauern und schau genau hin!

Tipp: Nutze für deine Beobachtungen Forschermittel.

| 106 | 211 | 176 |

| 107 | 211 | 176 |

| 108 | 211 | 176 |

Beschreibe: Was passiert mit dem Zielstein, wenn der linke Eckstein um 1 größer wird?

_____

_____

_____

_____

☆ Begründe: Warum ist das so?

_____

_____

_____

Aufgaben Partnerarbeit

1. Beschreibe deinem Partner deine Beobachtungen.
   → Was passiert mit dem Zielstein?

2. Erfindet eure eigenen Zahlenmauern, wo sich der linke Eckstein um 1 vergrößert auf dem großen Blatt.

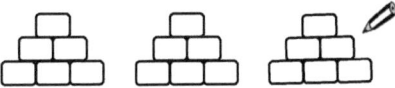

   → Was passiert jetzt mit dem Zielstein?

Tipp: Nutzt für eure Beobachtungen Forschermittel.

5

ZR 10 Forscheraufgabe: Was passiert mit dem Zielstein?

Berechne die 3er-Zahlenmauern und schau genau hin!

Tipp: Nutze für deine Beobachtungen Forschermittel.

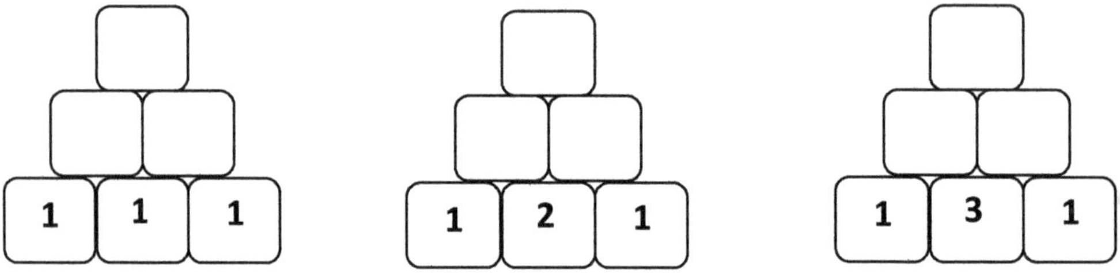

1	1	1	

1	2	1	

1	3	1	

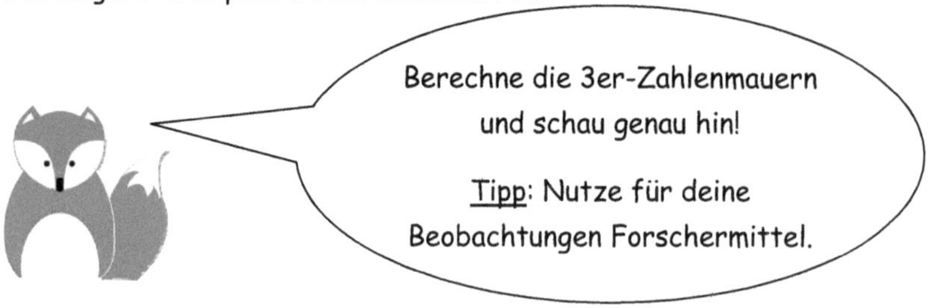

Beschreibe: Was passiert mit dem Zielstein, wenn der Mittelstein um 1 größer wird?

 Begründe: Warum ist das so?

ZR 20 Forscheraufgabe: Was passiert mit dem Zielstein?

Berechne die 3er-Zahlenmauern
und schau genau hin!

Tipp: Nutze für deine
Beobachtungen Forschermittel.

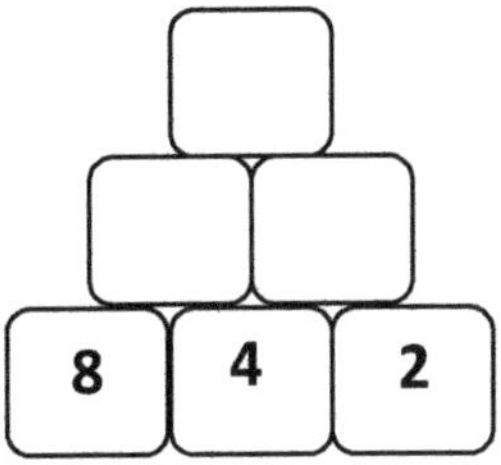

| 8 | 4 | 2 |

| 8 | 5 | 2 |

| 8 | 6 | 2 |

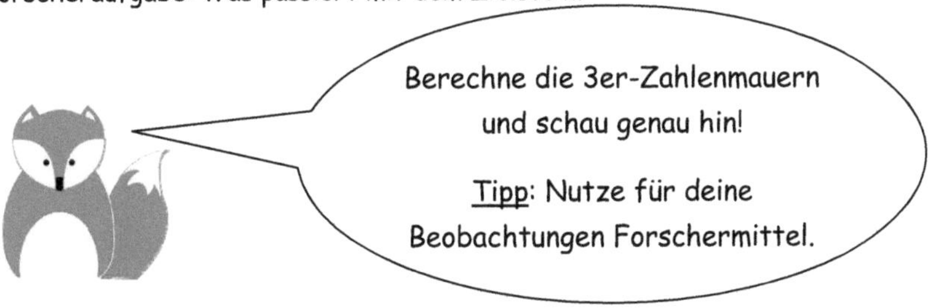

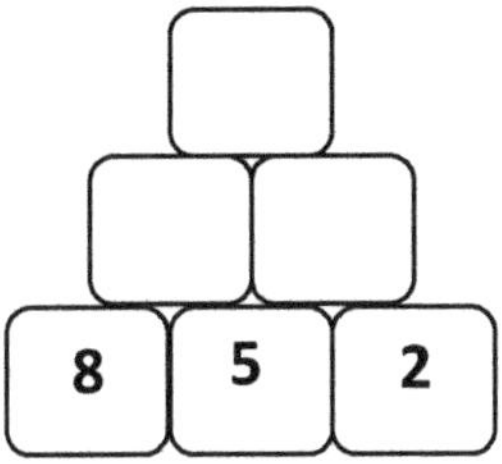

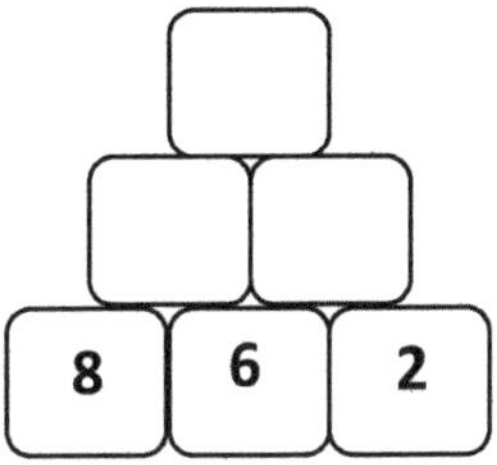

Beschreibe: Was passiert mit dem Zielstein, wenn der Mittelstein um
1 größer wird?

 Begründe: Warum ist das so?

ZR 100   Forscheraufgabe: Was passiert mit dem Zielstein?

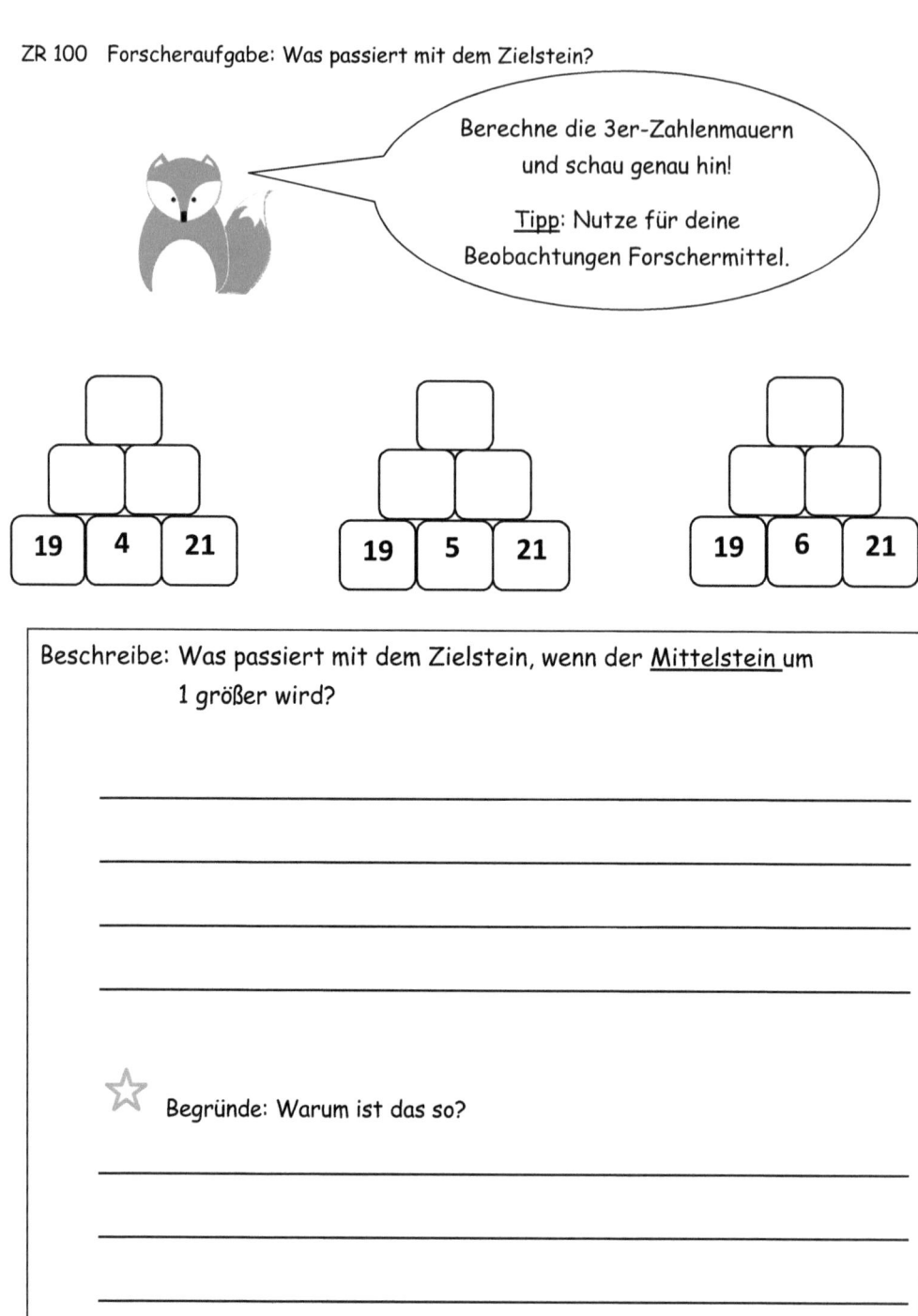

Berechne die 3er-Zahlenmauern
und schau genau hin!

Tipp: Nutze für deine
Beobachtungen Forschermittel.

| 19 | 4 | 21 |

| 19 | 5 | 21 |

| 19 | 6 | 21 |

Beschreibe: Was passiert mit dem Zielstein, wenn der Mittelstein um
1 größer wird?

Begründe: Warum ist das so?

ZR 100   Forscheraufgabe: Was passiert mit dem Zielstein?

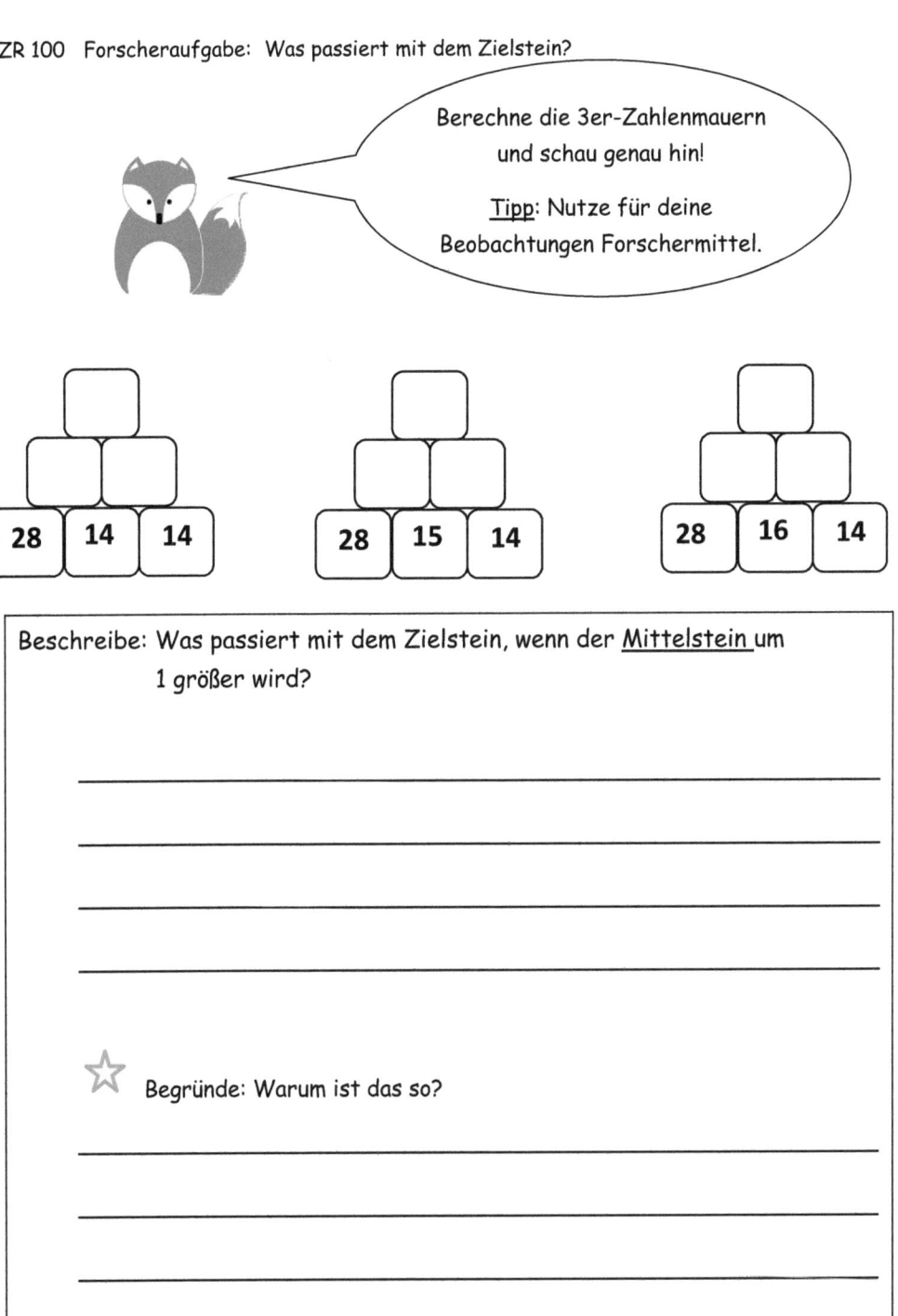

Berechne die 3er-Zahlenmauern
und schau genau hin!

Tipp: Nutze für deine
Beobachtungen Forschermittel.

| 28 | 14 | 14 |

| 28 | 15 | 14 |

| 28 | 16 | 14 |

Beschreibe: Was passiert mit dem Zielstein, wenn der Mittelstein um
1 größer wird?

_____

_____

_____

_____

☆ Begründe: Warum ist das so?

_____

_____

_____

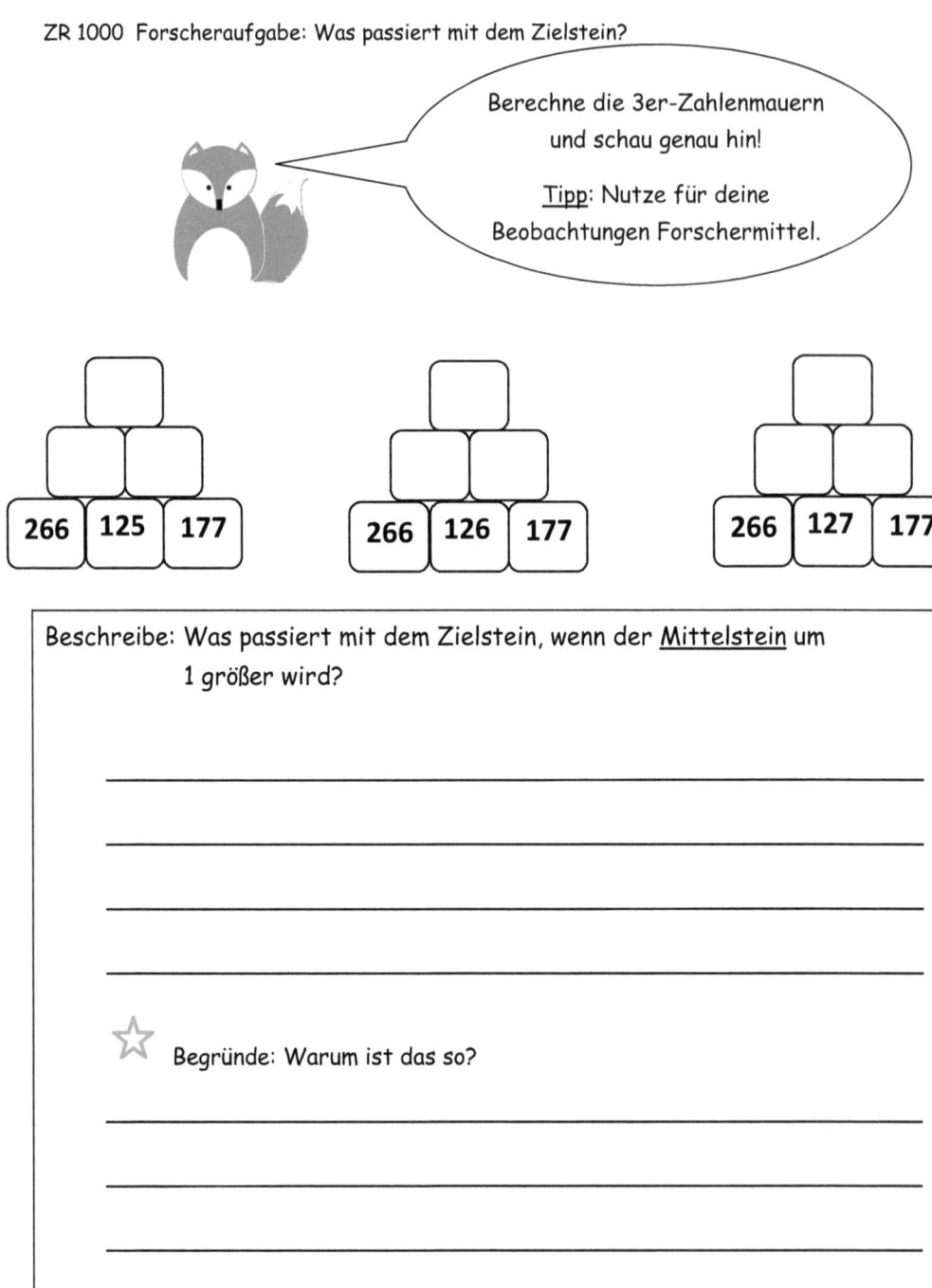

Berechne die 3er-Zahlenmauern
und schau genau hin!

Tipp: Nutze für deine
Beobachtungen Forschermittel.

266 125 177

266 126 177

266 127 177

Beschreibe: Was passiert mit dem Zielstein, wenn der Mittelstein um
1 größer wird?

_____

_____

_____

_____

☆   Begründe: Warum ist das so?

_____

_____

_____